Guía para crear una Planta de Tratamiento de Agua Residual

Copyright © 2024 Hidro Soluciones Ecológicas y Tratamiento Residual

Todos los derechos reservados.

email: hidroecosoluciones@gmail.com

DEDICATORIA

"Para todos aquellos comprometidos con la preservación del medio ambiente y el bienestar de las comunidades, este libro es un testimonio de nuestra responsabilidad compartida. A quienes trabajan incansablemente en la búsqueda de soluciones para el tratamiento de agua residual, dedicamos este esfuerzo. Que estas páginas inspiren acciones positivas y contribuyan a un futuro más limpio y saludable para

todos. Con gratitud y esperanza.

email: hidroecosoluciones@gmail.com

Contenido

El problema de la escasez del agua 8

Historia 11

   ¿Qué es una planta de tratamiento de agua residual? 15

ETAPA I 19

   PRETRATAMIENTO 25

ETAPA II 28

   TRATAMIENTO PRIMARIO 28

ETAPA III 31

   TRATAMIENTO SECUNDARIO 31

   ¿Qué consecuencias puede provocar el ingreso de contaminantes en una planta de tratamiento de agua residual? 36

¿Cómo se puede desestabilizar una planta de tratamiento de agua residual? 39

ETAPA IV 42

   TRATAMIENTO TERCIARIO (OPCIONAL) . 42

TIPOS DE TECNOLOGÍAS EN EL TRATAMIENTO DE AGUA RESIDUAL 45

COMO FABRICAR UNA PLANTA DE TRATAMIENTO DE AGUA RESIDUAL 49

email: hidroecosoluciones@gmail.com

Datos técnicos para la tecnología de tratamiento biológico 63

email: hidroecosoluciones@gmail.com

AGRADECIMIENTOS

"Quiero expresar mi profundo agradecimiento a todas las personas e instituciones que han hecho posible la realización de este libro sobre tratamiento de agua residual.

Agradezco sinceramente a ti lector, cuya experiencia y conocimientos que vas a adquirir al leer esta guía van enriquecer enormemente futuro proyecto. Tu valiosa aportación va contribuir significativamente a la calidad y relevancia para un mejor medio ambiente.

También quiero expresar mi reconocimiento a Hidro Soluciones Ecológicas y Tratamiento Residual, por su orientación experta y su apoyo constante a lo largo de todo el proceso de creación de este libro. Su compromiso y dedicación han sido fundamentales para llevar este proyecto a buen término.

Agradezco igualmente a mis colegas y amigos por su ánimo y palabras de aliento durante este viaje. Su apoyo incondicional ha sido un motor de inspiración y motivación en cada paso del camino.

Por último, pero no menos importante, quiero expresar mi gratitud a mis seres queridos por su

email: hidroecosoluciones@gmail.com

paciencia, comprensión y amor incondicional. Su apoyo incondicional ha sido mi mayor fortaleza y motivación para perseguir este proyecto con pasión y determinación.

A todos ustedes, mi más sincero agradecimiento. Sin su colaboración, este libro no habría sido posible.

Con gratitud y aprecio.

email: hidroecosoluciones@gmail.com

email: hidroecosoluciones@gmail.com

El problema de la escasez del agua

La escasez de agua es una preocupación global que afecta a muchas regiones del mundo y presenta una serie de desafíos significativos. Aquí te proporciono una visión general de la problemática:

1. **Creciente demanda y sobreexplotación:**
A medida que crece la población mundial y aumentan las actividades industriales y agrícolas, la demanda de agua dulce está superando la capacidad de los recursos hídricos disponibles. En muchas regiones, los acuíferos subterráneos están siendo sobreexplotados, lo que agota los recursos hídricos y provoca la disminución de los niveles de los cuerpos de agua.

2. **Cambios climáticos y eventos extremos:**
El cambio climático está exacerbando la escasez de agua al alterar los patrones de precipitación y aumentar la frecuencia e intensidad de eventos climáticos extremos, como sequías e inundaciones. Estos fenómenos pueden afectar la disponibilidad y

email: hidroecosoluciones@gmail.com

la distribución del agua, lo que agrava la escasez en muchas regiones.

3. Contaminación y degradación de fuentes de agua:

La contaminación del agua por desechos industriales, agrícolas, domésticos y otros contaminantes puede reducir la cantidad de agua potable disponible y afectar la calidad del agua para otros usos. Además, la deforestación, la urbanización no planificada y otras formas de degradación ambiental pueden comprometer la capacidad de los ecosistemas para proporcionar y mantener recursos hídricos.

4. Conflictos y tensiones:

La escasez de agua puede generar conflictos y tensiones entre diferentes usuarios y sectores, como agricultores, industrias, comunidades locales y países vecinos que comparten recursos hídricos. Los conflictos por el acceso y el control del agua pueden ser fuente de disputas locales, nacionales e internacionales.

5. Impactos en la salud y el desarrollo:

La escasez de agua puede tener graves consecuencias para la salud humana, incluida la propagación de enfermedades transmitidas por el

email: hidroecosoluciones@gmail.com

agua y la falta de acceso a agua limpia y saneamiento básico. Además, puede limitar el desarrollo económico y social al afectar la producción agrícola, la industria, el turismo y otros sectores clave.

Abordar la escasez de agua requiere enfoques integrados y sostenibles que consideren la conservación y gestión eficiente de los recursos hídricos, la promoción de prácticas agrícolas y de consumo más sostenibles, la inversión en infraestructuras de agua y saneamiento, la mitigación del cambio climático y la cooperación internacional para la gestión compartida de recursos hídricos transfronterizos.

email: hidroecosoluciones@gmail.com

Historia

El proceso de tratamiento de agua residual tiene sus orígenes en la necesidad de abordar los problemas de salud pública y la contaminación ambiental asociados con la descarga no tratada de aguas residuales en cuerpos de agua naturales. A lo largo de la historia, se han desarrollado diferentes métodos y tecnologías para tratar las aguas residuales, con evolución y refinamiento continuos a lo largo del tiempo. Aquí hay un vistazo a algunos hitos importantes en los orígenes del tratamiento de agua residual:

Civilizaciones antiguas:

Civilizaciones como la de Mesopotamia, el Antiguo Egipto, la Antigua Grecia y el Imperio Romano implementaron sistemas rudimentarios de alcantarillado y drenaje para gestionar las aguas residuales y evitar la contaminación de las fuentes de agua potable.

email: hidroecosoluciones@gmail.com

Siglo XIX:

Durante la Revolución Industrial, el crecimiento de las ciudades y la industrialización intensiva generaron grandes cantidades de aguas residuales, lo que provocó problemas de contaminación en ríos y cuerpos de agua. En esta época, se desarrollaron los primeros sistemas de alcantarillado y se implementaron técnicas de tratamiento rudimentarias, como la sedimentación y la filtración, para tratar las aguas residuales antes de su descarga.

Principios del siglo XX:

Con el avance de la ciencia y la tecnología, se desarrollaron métodos más sofisticados de tratamiento de aguas residuales, incluyendo la desinfección con cloro, la aeración y la filtración biológica. Estos avances permitieron mejorar la calidad del agua tratada y reducir los riesgos para la salud pública.

email: hidroecosoluciones@gmail.com

Mitad del siglo XX:

Después de la Segunda Guerra Mundial, hubo un aumento significativo en la conciencia ambiental y en la regulación de la contaminación del agua. Se establecieron normativas más estrictas para el tratamiento de aguas residuales, lo que llevó al desarrollo de tecnologías más avanzadas, como el tratamiento biológico aeróbico y anaeróbico, la desinfección con rayos ultravioleta y la eliminación de nutrientes como el nitrógeno y el fósforo.

Siglo XXI:

En la actualidad, el tratamiento de aguas residuales se ha convertido en una parte integral de la gestión sostenible del agua en todo el mundo. Se han desarrollado tecnologías innovadoras, como la filtración avanzada, la ozonización y la reutilización de aguas tratadas, para abordar desafíos emergentes como la escasez de agua y la presión sobre los recursos hídricos.

email: hidroecosoluciones@gmail.com

En resumen, el proceso de tratamiento de agua residual ha evolucionado a lo largo de los siglos, desde métodos rudimentarios hasta tecnologías avanzadas y sostenibles, con el objetivo de proteger la salud pública y el medio ambiente al garantizar la calidad del agua y reducir la contaminación.

email: hidroecosoluciones@gmail.com

¿Qué es una planta de tratamiento de agua residual?

Una planta de tratamiento de agua residual, también conocida como planta de tratamiento de aguas residuales o planta de depuración, es una instalación diseñada para limpiar y purificar las aguas residuales antes de devolverlas al medio ambiente o reutilizarlas para usos no potables, como riego agrícola o procesos industriales.

Estas plantas reciben las aguas residuales generadas por actividades humanas, como el uso doméstico, industrial, comercial y agrícola, a través de sistemas de alcantarillado. El objetivo principal de una planta de tratamiento de agua residual es eliminar los contaminantes presentes en estas aguas residuales para evitar la contaminación del medio ambiente y proteger la salud pública.

Las plantas de tratamiento de agua residual suelen seguir un proceso básico que incluye varias etapas:

email: hidroecosoluciones@gmail.com

Pretratamiento:

En esta etapa, se eliminan los objetos grandes y sólidos, como palos, piedras, plásticos y otros desechos, mediante rejas y tamices. Esto ayuda a proteger los equipos y facilita el tratamiento posterior.

Tratamiento primario:

El agua residual pasa a través de tanques de sedimentación donde se permite que los sólidos más pesados se asienten en el fondo, formando lodos primarios. Esto ayuda a eliminar una parte significativa de los sólidos suspendidos y algunos materiales orgánicos.

Tratamiento secundario (biológico):

En esta etapa, el agua residual se trata con microorganismos aeróbicos o anaeróbicos en tanques de aireación o reactores biológicos. Estos microorganismos descomponen y consumen los contaminantes orgánicos presentes en el agua, convirtiéndolos en sólidos que pueden ser eliminados o decantados.

email: hidroecosoluciones@gmail.com

Decantación secundaria:

Después del tratamiento biológico, el agua pasa a través de tanques de sedimentación secundaria donde los lodos biológicos se asientan en el fondo y el agua clarificada se recoge en la parte superior.

Tratamiento terciario (opcional):

Algunas plantas de tratamiento de agua residual pueden incluir una etapa adicional de tratamiento terciario para eliminar contaminantes específicos restantes o mejorar la calidad del agua tratada. Esto puede incluir procesos de filtración avanzada, desinfección con cloro o ultravioleta, y eliminación de nutrientes como nitrógeno y fósforo.

Una vez completado el proceso de tratamiento, el agua residual tratada puede ser devuelta a cuerpos de agua

email: hidroecosoluciones@gmail.com

naturales, como ríos o lagos, o reutilizada para fines no potables, dependiendo de los requisitos regulatorios y las necesidades locales. Las plantas de tratamiento de agua residual son esenciales para proteger el medio ambiente y la salud pública al reducir la contaminación y promover la gestión sostenible del agua.

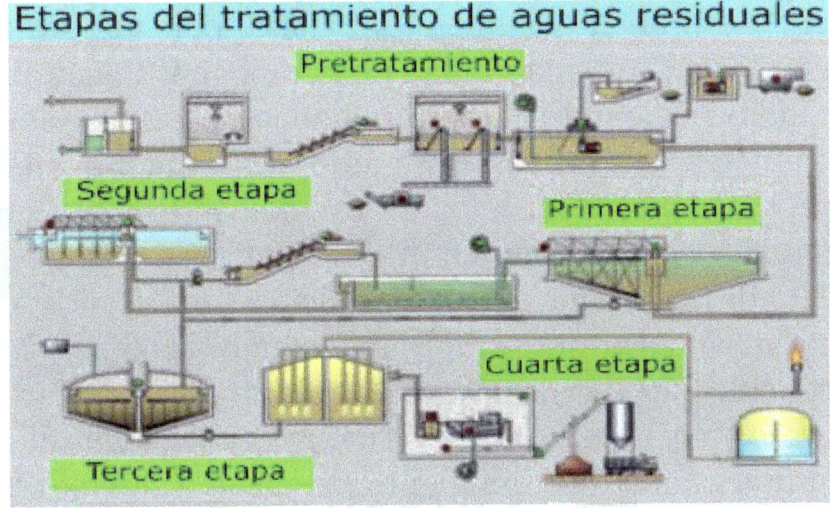

email:  hidroecosoluciones@gmail.com

MEDICIÓN DE FLUJOS VOLUMÉTRICOS EN PLANTAS DE TRATAMIENTO DE AGUA RESIDUAL

Introducción

El flujo volumétrico, también llamado Caudal (Q) se define como el volumen que pasa por un punto determinado en una unidad de tiempo, por lo que sus unidades siempre estarán dadas por unidades volumétricas divididas entre unidades de tiempo. Así, en el sistema internacional de medidas (SI) el flujo volumétrico está dado en m^3/s (metros cúbicos por segundo), aunque en la práctica las unidades internacionales más empleadas son L/s (litros por segundo), L/h (litros por hora), m^3/h (metros cúbicos por hora), o m^3/d (metros cúbicos por día). En una planta de tratamiento de aguas residuales, el caudal que la planta recibe debe evaluarse en algún punto por donde corre el agua residual, previo a cualquier tanque del proceso, ya sea cárcamo, tanque regulador o alguno similar, de tal modo que sea posible identificar de manera precisa el monto de líquido que ingresa a la planta de tratamiento.

email: hidroecosoluciones@gmail.com

METODOLOGÍA DE MEDICIÓN DEL AFORO:

Método del aforo (este método debe aplicarse si es completamente visible la caída de agua residual hacia el tanque regulador o cárcamo).

Este método se basa en la medición del tiempo que tarda en llenarse con agua residual un recipiente de volumen previamente conocido. La medición debe hacerse en el punto donde el agua residual ingresa al tanque regulador o cárcamo, según sea el caso. Antes de realizar la medición, debes aforar(medir) el volumen de un recipiente (cubeta), hazlo como sigue:

- Toma una cubeta de volumen mayor a 10 L.
- Con la probeta que usas para medir la sedimentación, mide un litro exacto de agua y vacíalo en la cubeta. Con un marcador, coloca una línea visible justo donde está el nivel superior del líquido. Esta marca

email: hidroecosoluciones@gmail.com

representa 1 L de volumen en la cubeta.

- Sin vaciar la cubeta, añade otro litro de agua y colócale la nueva marca, así tendrás ahora una marca de 1 L y otra de 2 L.

- Repite esta operación hasta que la cubeta se encuentre llena de agua, así conocerás el volumen parcial y total de la cubeta. Al finalizar, vacía el agua.
  - Con la cubeta ya aforada, ahora realiza la medición del caudal de la siguiente manera (necesitarás también un reloj o cronómetro):

- Ata la cubeta con una cuerda, de tal modo que te sea posible hacer bajar la cubeta
  - hasta el punto donde ingresa el agua residual hacia el tanque regulador o cárcamo.

- Prepara tu cronómetro. Haz bajar la cubeta, y colócala justo donde ingresa el agua residual; en el momento que caiga el agua dentro de la cubeta pon a andar tu cronómetro.

- Llena la cubeta hasta la última marca que le colocaste. Cuando el agua llegue ahí, detén tu cronómetro y registra el tiempo que

email: hidroecosoluciones@gmail.com

tardó en llenarse la cubeta hasta esa marca.

- Vacía el agua, y repite la operación, registra nuevamente el tiempo.

- Para calcular el caudal, divide el volumen a donde llegó el agua en la cubeta (en litros) entre el tiempo que tardó en llenarse (en segundos o minutos)

email: hidroecosoluciones@gmail.com

MÉTODO DEL ÁREA VOLUMÉTRICA

Si la caída de agua residual hacia el tanque regulador o cárcamo no es completamente visible por cualquier circunstancia, se debe aplicar el método del área volumétrica (igualmente se hará uso de un cronómetro):

- Con ayuda de un flexómetro, mide el largo y el ancho del tanque regulador o cárcamo.

- Con estos valores, multiplícalos y obtén así el área superficial del tanque (A).

- Suspende el ingreso de agua residual al proceso.

- Con el flexómetro, mide la distancia del techo del tanque al espejo de agua (H1)

- Espera 30 min (sin ingresar agua residual al proceso).

- Mide nuevamente la distancia del techo del tanque al espejo de agua (H2).

- Realiza la resta H2-H1.

- A este resultado multiplícalo por el área superficial del tanque(A). Con esta operación,

email: hidroecosoluciones@gmail.com

estás obteniendo el volumen de agua residual que ingresó al tanque regulador o cárcamo.

- El resultado divídelo entre el tiempo que esperaste entre una medición y otra (30 min).

El resultado final es el caudal (Q).

Parámetro	¿Qué mide el parámetro?	Límite máximo que marca la norma
Demanda Bioquímica de Oxígeno (DBO)	Es la cantidad de materia orgánica que puede ser consumida u oxidada, por una población bacteriana en una muestra de agua.	30 mg/L
Grasas y Aceites	Concentración de grasa máxima para una muestra de agua residual tratada.	15 mg/L
Sólidos Suspendidos Totales	Materia que no es biológicamente no degradable (colorantes, pintura, minerales)	30 mg/L
Coliformes fecales (bacterias termolatentes)	Bacterias patógenas presentes en el intestino de animales de sangre caliente y humanos.	1000 NMP (número más posible)
Huevos del helminto (parásitos)	Conjunto de organismos parásitos.	25 huevos/5L

email: hidroecosoluciones@gmail.com

ETAPA I

PRETRATAMIENTO

El pretratamiento del agua residual es la primera etapa en el proceso de tratamiento de aguas residuales y tiene como objetivo principal eliminar los materiales gruesos y sólidos que pueden dañar o interferir con el funcionamiento de las instalaciones de tratamiento posteriores. Esta etapa es fundamental para proteger los equipos, prevenir obstrucciones y facilitar el tratamiento efectivo del agua residual. Aquí te explico en qué consiste el pretratamiento:

1. Rejas y tamices:
El agua residual entra en la planta de tratamiento y pasa a través de rejas y tamices que están diseñados para retener los objetos grandes y sólidos, como palos, hojas, plásticos, trapos y otros desechos voluminosos. Estos elementos pueden obstruir las bombas, dañar los equipos y dificultar el tratamiento posterior, por lo que es importante eliminarlos en esta etapa inicial.

email: hidroecosoluciones@gmail.com

2. Desarenado y desengrasado:

Después de pasar por las rejas y tamices, el agua residual puede dirigirse a unidades de desarenado y desengrasado. En el desarenado, se permite que la arena y otras partículas pesadas se asienten en el fondo de un tanque, donde se pueden extraer y desechar. En el desengrasado, se eliminan los aceites y grasas flotantes mediante la aplicación de técnicas como la flotación por aire disuelto o la separación gravitacional.

3. Trampa de sólidos gruesos:

En algunas plantas de tratamiento, se utiliza una trampa de sólidos gruesos para capturar materiales más grandes que no se retienen en las rejas y tamices. Esta trampa puede consistir en un tanque o canal donde los sólidos se asientan y se pueden eliminar periódicamente.

4. Desbaste mecánico:

En casos donde la carga de sólidos es muy alta, se puede utilizar un desbaste mecánico para eliminar los sólidos gruesos de manera más eficiente. Esto implica el uso de equipos como cribas rotatorias o tornillos transportadores para separar y retirar los materiales sólidos del agua residual.

email: hidroecosoluciones@gmail.com

En resumen, el pretratamiento del agua residual se enfoca en la eliminación de materiales gruesos y sólidos para proteger los equipos y facilitar el tratamiento efectivo en las etapas posteriores del proceso. Es una parte fundamental de cualquier planta de tratamiento de aguas residuales y contribuye significativamente a la eficiencia y la fiabilidad de todo el sistema de tratamiento.

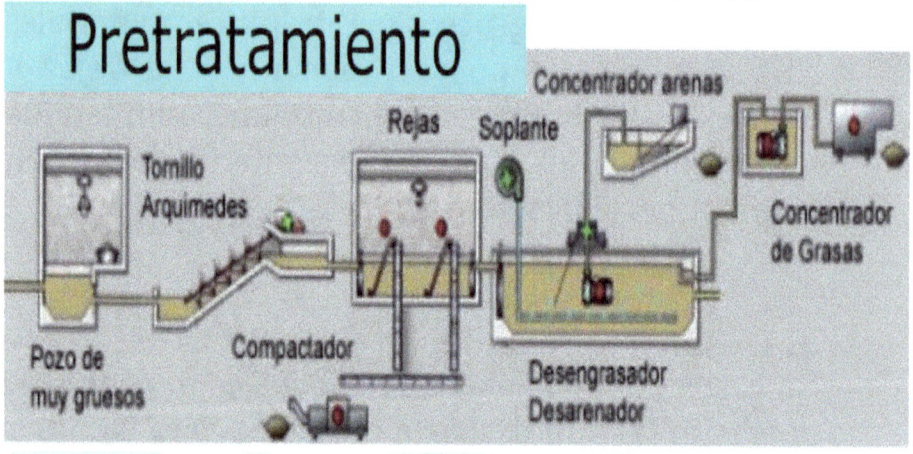

email: hidroecosoluciones@gmail.com

ETAPA II

TRATAMIENTO PRIMARIO

El tratamiento primario del agua residual es la segunda etapa en el proceso de tratamiento de aguas residuales, que sigue al pretratamiento. Su objetivo principal es eliminar los sólidos suspendidos y una parte significativa de los contaminantes orgánicos presentes en el agua residual. Aunque es un proceso fundamental, el tratamiento primario no elimina todos los contaminantes y no produce agua tratada apta para su descarga directa en cuerpos de agua naturales. Aquí te explico en qué consiste el tratamiento primario:

1. Sedimentación:
Después de pasar por el pretratamiento, el agua residual se dirige a tanques de sedimentación, también conocidos como clarificadores primarios o sedimentadores primarios. En estos tanques, el flujo del agua se ralentiza significativamente, permitiendo que los sólidos suspendidos más densos se asienten en el fondo por efecto de la

email: hidroecosoluciones@gmail.com

gravedad. Estos sólidos sedimentados, conocidos como lodos primarios, se acumulan en el fondo del tanque y se pueden extraer y bombear para su tratamiento adicional o disposición final.

2. Separación de aceites y grasas:
Durante la sedimentación, los aceites y grasas presentes en el agua residual pueden ascender a la superficie debido a su menor densidad. En algunos casos, se pueden instalar deflectores o dispositivos de desengrasado para mejorar la separación de estos materiales flotantes, que luego se eliminan mediante skimmers o sistemas de recolección.

3. Reducción de la carga orgánica:
Si bien el tratamiento primario no elimina todos los contaminantes orgánicos presentes en el agua residual, sí reduce significativamente su concentración. Esto se debe a que muchos de los sólidos suspendidos que se eliminan durante la sedimentación son materia orgánica en descomposición. La reducción de la carga orgánica en esta etapa prepara el agua para un tratamiento biológico más efectivo en las etapas posteriores del proceso.

email: hidroecosoluciones@gmail.com

En resumen, el tratamiento primario del agua residual se centra en la eliminación de sólidos suspendidos y una parte de la materia orgánica mediante el proceso de sedimentación. Aunque es una etapa importante en el tratamiento de aguas residuales, generalmente se combina con procesos adicionales, como el tratamiento biológico en el tratamiento secundario, para producir agua tratada de calidad adecuada para su descarga o reutilización.

email: hidroecosoluciones@gmail.com

ETAPA III

TRATAMIENTO SECUNDARIO

El tratamiento secundario del agua residual es la segunda etapa principal en el proceso de tratamiento de aguas residuales, que sigue al tratamiento primario. Su objetivo principal es eliminar los contaminantes orgánicos disueltos y suspendidos que no fueron completamente eliminados en la etapa de tratamiento primario. A menudo, el tratamiento secundario implica procesos biológicos que utilizan microorganismos para descomponer y eliminar los contaminantes orgánicos presentes en el agua residual. Aquí te detallo en qué consiste:

1. Procesos biológicos:
El tratamiento secundario generalmente implica procesos biológicos aeróbicos o anaeróbicos. En el tratamiento biológico aeróbico, el agua residual se airea para proporcionar oxígeno a los microorganismos aeróbicos, como las bacterias, que descomponen los contaminantes orgánicos en productos más simples, como dióxido de carbono y agua. Este proceso suele ocurrir en tanques de lodos

email: hidroecosoluciones@gmail.com

activados o reactores biológicos. En el tratamiento biológico anaeróbico, se utilizan condiciones sin oxígeno para fomentar la actividad de microorganismos anaeróbicos, como las bacterias metano génicas, que descomponen los contaminantes orgánicos en metano y dióxido de carbono. Esto puede ocurrir en reactores anaeróbicos o en sistemas de digestión de lodos.

2. Decantación secundaria:
Después del tratamiento biológico, el agua residual pasa a través de tanques de sedimentación secundaria, donde los sólidos biológicos formados durante el proceso se asientan en el fondo del tanque. Estos sólidos, llamados lodos secundarios, se pueden recircular para mejorar la eficiencia del tratamiento biológico o se pueden retirar para su tratamiento y disposición.

La decantación secundaria en el tratamiento de agua residual es una etapa clave que sigue al proceso de tratamiento biológico en el tratamiento secundario. Consiste en permitir que el agua tratada pase a través de tanques de sedimentación secundaria, también conocidos como clarificadores secundarios o decantadores secundarios, donde se produce la

email: hidroecosoluciones@gmail.com

separación de los sólidos biológicos formados durante el tratamiento biológico.

Aquí te explico en qué consiste la decantación secundaria:

1. **Tanques de sedimentación secundaria:**
El agua tratada, que ha pasado por el proceso biológico en el tratamiento secundario, se dirige a tanques de sedimentación secundaria. Estos tanques son similares a los utilizados en el tratamiento primario, pero en este caso, la carga de sólidos es principalmente biológica.

2. **Sedimentación de los sólidos biológicos**:
En los tanques de sedimentación secundaria, el agua se permite que fluya lentamente y se estabilice, lo que facilita que los sólidos biológicos suspendidos se asienten en el fondo del tanque por efecto de la gravedad. Estos sólidos biológicos, también conocidos como lodos secundarios, son el resultado del crecimiento y la actividad de los microorganismos durante el tratamiento biológico.

email: hidroecosoluciones@gmail.com

3. **Clarificación del agua tratada:**
Mientras los sólidos se asientan en el fondo del tanque, el agua tratada, más clara y libre de sólidos visibles, se acumula en la parte superior del tanque. Esta agua clarificada se puede recoger desde la superficie del tanque para su posterior desinfección o tratamiento adicional, o puede ser dirigida hacia sistemas de filtración o procesos de tratamiento terciario si es necesario.

4. **Eliminación o recirculación de lodos secundarios:**
Una vez completada la sedimentación, los lodos secundarios acumulados en el fondo del tanque se pueden retirar mediante equipos de raspado o bombas de lodos. Estos lodos secundarios se pueden recircular para su reciclaje en el proceso de tratamiento biológico, lo que mejora la eficiencia del sistema, o se pueden enviar a unidades de espesamiento, deshidratación o digestión de lodos para su tratamiento y disposición final.

email: hidroecosoluciones@gmail.com

En resumen, la decantación secundaria en el tratamiento de agua residual es un proceso vital que permite la separación de los sólidos biológicos formados durante el tratamiento biológico en el tratamiento secundario. Ayuda a producir agua tratada de mejor calidad y a facilitar la gestión adecuada de los lodos generados durante el proceso de tratamiento.

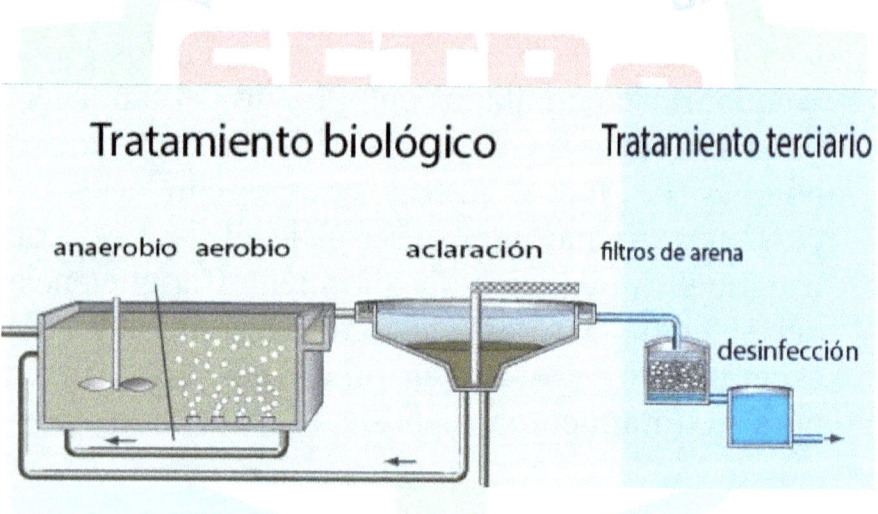

email: hidroecosoluciones@gmail.com

¿Qué consecuencias puede provocar el ingreso de contaminantes en una planta de tratamiento de agua residual?

El ingreso de contaminantes en una planta de tratamiento de agua residual puede tener varias consecuencias negativas, tanto para el proceso de tratamiento como para el medio ambiente circundante. Aquí hay algunas de las posibles consecuencias:

1. **Disminución del rendimiento del tratamiento:**
Los contaminantes pueden interferir con los procesos de tratamiento planificados, como la sedimentación, la biodegradación o la desinfección, lo que puede resultar en una disminución del rendimiento de la planta y una calidad inferior del efluente tratado.

2. **Daño a equipos y sistemas:**
Algunos contaminantes pueden ser corrosivos, abrasivos o tóxicos para los equipos de la planta de tratamiento, lo que puede provocar daños en bombas, tuberías, válvulas u otros componentes,

email: hidroecosoluciones@gmail.com

aumentando los costos de mantenimiento y reparación.

3. **Formación de subproductos nocivos:**
La reacción entre los contaminantes presentes en el agua residual y los productos químicos utilizados en el proceso de tratamiento puede dar lugar a la formación de subproductos nocivos, como compuestos tóxicos, carcinógenos o muta génicos, que pueden ser perjudiciales para la salud humana y el medio ambiente.

4. **Contaminación del efluente tratado:**
Si los contaminantes no se eliminan adecuadamente durante el proceso de tratamiento, pueden persistir en el efluente tratado, lo que puede afectar negativamente a los ecosistemas acuáticos receptores, la salud pública y los usos posteriores del agua tratada, como riego agrícola o recarga de acuíferos.

5. **Incumplimiento de regulaciones ambientales:**
El ingreso de contaminantes en una planta de tratamiento de agua residual puede resultar en el incumplimiento de regulaciones ambientales y estándares de calidad del agua, lo que puede dar

email: hidroecosoluciones@gmail.com

lugar a sanciones legales, multas y pérdida de licencias de operación.

6. **Impacto en la salud humana:**
Si los contaminantes presentes en el agua residual tratada no se eliminan adecuadamente, pueden representar un riesgo para la salud humana si se utilizan para usos como riego de cultivos, recreación en aguas superficiales o suministro de agua potable.

En resumen, el ingreso de contaminantes en una planta de tratamiento de agua residual puede tener una serie de consecuencias negativas que van desde la disminución del rendimiento del tratamiento hasta el impacto en la salud humana y el medio ambiente. Por lo tanto, es crucial implementar medidas de prevención y control para minimizar la entrada de contaminantes y garantizar la eficacia del proceso de tratamiento.

email: hidroecosoluciones@gmail.com

¿Cómo se puede desestabilizar una planta de tratamiento de agua residual?

Desestabilizar una planta de tratamiento de agua residual significa perturbar su funcionamiento normal o causar problemas en su rendimiento. Esto puede ocurrir por diversas razones, incluyendo factores operativos, condiciones ambientales adversas o fallos en los equipos. Aquí tienes algunas formas en las que una planta de tratamiento de agua residual podría desestabilizarse:

1. Cambios en la carga de influente:
Variaciones en la composición o caudal del agua residual que llega a la planta pueden desequilibrar los procesos de tratamiento, especialmente si no se ajustan adecuadamente los parámetros de operación.

2. Fallas en equipos y sistemas:
El mal funcionamiento o la avería de equipos críticos, como bombas, aireadores, agitadores, sistemas de dosificación de productos químicos, pueden interrumpir el proceso de tratamiento y afectar la eficiencia de la planta.

email: hidroecosoluciones@gmail.com

3. Acumulación de sólidos o lodos:
La acumulación excesiva de sólidos suspendidos o lodos en los tanques de sedimentación, reactores biológicos u otros componentes del sistema puede reducir la capacidad de tratamiento y causar obstrucciones en los equipos.

4. Cambios en las condiciones ambientales:
Variaciones en la temperatura, pH, oxigenación o condiciones meteorológicas pueden influir en la actividad microbiana y la eficiencia de los procesos biológicos de tratamiento, desestabilizando la planta.

5. Contaminación o interferencia externa:
La entrada de contaminantes no deseados en el influente, como productos químicos tóxicos, aceites, solventes u otros materiales peligrosos, puede inhibir los procesos de tratamiento y causar daños en los equipos.

6. Falta de mantenimiento y atención:
La falta de mantenimiento preventivo, supervisión adecuada o capacitación del personal operativo puede llevar a un deterioro gradual del rendimiento de la planta y aumentar el riesgo de fallos inesperados.

email: hidroecosoluciones@gmail.com

7. **Incumplimiento normativo:**
El incumplimiento de regulaciones ambientales o estándares de calidad del agua puede resultar en sanciones legales, pérdida de licencias de operación o cierre de la planta, lo que desestabilizaría su funcionamiento.

Para evitar la desestabilización de una planta de tratamiento de agua residual, es fundamental implementar un programa de mantenimiento preventivo, monitoreo continuo del proceso, capacitación adecuada del personal y cumplimiento estricto de las normativas y estándares de calidad del agua.

email: hidroecosoluciones@gmail.com

ETAPA IV

TRATAMIENTO TERCIARIO (OPCIONAL)

El tratamiento terciario del agua residual es la etapa final del proceso de tratamiento de aguas residuales y se lleva a cabo después del tratamiento primario y secundario. Su objetivo principal es mejorar aún más la calidad del agua tratada mediante la eliminación de contaminantes específicos que pueden persistir después de las etapas anteriores, así como preparar el agua para su reutilización en usos específicos o para cumplir con estándares de calidad más exigentes antes de su descarga al medio ambiente. Aquí te explico en qué consiste el tratamiento terciario:

1. **Filtración avanzada:**
 Una de las técnicas comunes en el tratamiento terciario es la filtración avanzada, que implica el paso del agua tratada a través de sistemas de filtración adicionales, como filtros de membrana, filtros de carbono activado, o filtros de medios granulares (arena, antracita, etc.). Estos filtros pueden eliminar partículas finas, materia orgánica

residual, microorganismos y compuestos químicos específicos, mejorando la claridad y la calidad del agua tratada.

2. **Desinfección:**

La desinfección es una parte crucial del tratamiento terciario, donde se aplican métodos de desinfección, como la cloración, la ozonización, la radiación ultravioleta (UV) o la desinfección con peróxido de hidrógeno, para eliminar o inactivar microorganismos patógenos que pueden estar presentes en el agua tratada. Este paso es especialmente importante si el agua tratada se utilizará para consumo humano o si se descargará en cuerpos de agua superficiales sensibles.

3. **Eliminación de nutrientes:**

En algunos casos, el tratamiento terciario puede incluir la eliminación de nutrientes como el nitrógeno y el fósforo, que pueden ser responsables de problemas de eutrofización en cuerpos de agua receptores. Esto se logra a través de procesos como la des nitrificación biológica, la precipitación química o la adsorción en filtros específicos.

email: hidroecosoluciones@gmail.com

4. **Remoción de contaminantes emergentes:** El tratamiento terciario también puede abordar la eliminación de contaminantes emergentes, como productos farmacéuticos, productos de cuidado personal, productos químicos industriales, entre otros. Esto puede requerir tecnologías especializadas, como la oxidación avanzada, la adsorción con carbón activado o la membrana de ósmosis inversa.

En resumen, el tratamiento terciario del agua residual se centra en mejorar aún más la calidad del agua tratada, eliminando contaminantes específicos y preparándola para su reutilización en usos no potables o para su descarga al medio ambiente cumpliendo con estándares de calidad más exigentes. Es una etapa crucial en la gestión sostenible del agua y la protección

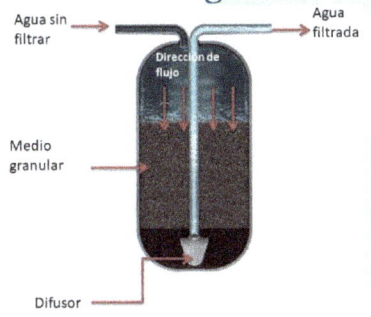

email: hidroecosoluciones@gmail.com

TIPOS DE TECNOLOGÍAS EN EL TRATAMIENTO DE AGUA RESIDUAL

Existen varias tecnologías utilizadas en el tratamiento de agua residual, cada una diseñada para abordar diferentes tipos de contaminantes y condiciones específicas. Aquí te presento algunos tipos comunes de tecnologías utilizadas en el tratamiento de agua residual:

1. Tratamiento físico-mecánico:

- Rejas y tamices: Utilizados en el pretratamiento para eliminar sólidos gruesos y objetos grandes.

- Desarenadores y des engrasadores: Separan arena, grasas y aceites del agua residual mediante sedimentación o flotación.

- Clarificadores: Permiten la sedimentación de sólidos suspendidos mediante la gravedad, separando el agua clarificada de los lodos.

email: hidroecosoluciones@gmail.com

2. Tratamiento biológico:

- Reactores biológicos aeróbicos: Utilizan microorganismos aeróbicos para descomponer materia orgánica en desechos menos complejos.

- Reactores biológicos anaeróbicos: Utilizan microorganismos anaeróbicos para descomponer materia orgánica en ausencia de oxígeno, produciendo biogás (metano) como subproducto.

- Filtros percoladores y lechos bacterianos: Permiten la adherencia y el crecimiento de microorganismos que descomponen materia orgánica mientras el agua residual pasa a través de ellos.

3. Tratamiento físico-químico:

- Coagulación y floculación: Agregan productos químicos como sulfato de aluminio o cloruro férrico al agua residual para formar flóculos, que luego pueden ser eliminados mediante sedimentación.

- Adsorción: Utiliza materiales adsorbentes como carbón activado para eliminar compuestos orgánicos, metales pesados u otros contaminantes del agua.

- Ozonización: Utiliza ozono para desinfectar y oxidar compuestos orgánicos presentes en el agua residual.

email: hidroecosoluciones@gmail.com

4. Tratamiento avanzado:

- Filtración por membranas: Utiliza membranas semipermeables para retener partículas, microorganismos y compuestos orgánicos disueltos en el agua.

- Procesos de oxidación avanzada: Utiliza agentes oxidantes como el peróxido de hidrógeno, el ozono o el peróxido de peroxiacetilo para descomponer compuestos orgánicos persistentes.

- Electrocoagulación: Utiliza corriente eléctrica para coagular y flocular contaminantes presentes en el agua residual.

5. Tratamiento de nutrientes:

- Des nitrificación: Elimina nitrógeno disuelto en el agua residual mediante procesos biológicos o químicos.

email: hidroecosoluciones@gmail.com

- Desfosforilación: Elimina fósforo disuelto en el agua residual mediante procesos biológicos o químicos.

Estas son solo algunas de las tecnologías utilizadas en el tratamiento de agua residual, y su selección depende de factores como el tipo y la concentración de contaminantes presentes, el volumen de agua a tratar y los requisitos de calidad del agua final deseada.

email: hidroecosoluciones@gmail.com

COMO FABRICAR UNA PLANTA DE TRATAMIENTO DE AGUA RESIDUAL

Crear una planta de tratamiento de agua residual es un proyecto complejo que requiere planificación, conocimientos técnicos y recursos adecuados. Aquí te proporciono una guía general paso a paso que puede ayudarte a orientarte en el proceso:

1. Investigación y planificación:

- Investiga las regulaciones locales y los requisitos legales para el tratamiento de aguas residuales en tu área.

- Determina las fuentes y características del agua residual que planeas tratar.

- Define los objetivos del tratamiento: ¿Qué contaminantes deseas eliminar y cuál es la calidad del agua deseada como resultado final?

- Realiza un análisis de viabilidad para determinar la viabilidad económica y técnica del proyecto.

email: hidroecosoluciones@gmail.com

2. Diseño del sistema de tratamiento:

- Consulta a ingenieros ambientales o expertos en tratamiento de aguas residuales para diseñar un sistema que cumpla con tus necesidades y requisitos.

- Selecciona las tecnologías de tratamiento adecuadas para tu situación específica (biológicas, físico-químicas, avanzadas, etc.).

- Diseña el sistema considerando aspectos como el flujo de agua, la capacidad de tratamiento, los equipos necesarios y la disposición del terreno.

3. Adquisición de permisos y autorizaciones:

- Obtén los permisos y autorizaciones necesarios de las autoridades locales y reguladoras para la construcción y operación de la planta de tratamiento.

- Asegúrate de cumplir con todos los requisitos legales y normativos antes de proceder con la construcción.

email: hidroecosoluciones@gmail.com

4. Construcción e instalación:

- Contrata a contratistas y proveedores calificados para la construcción e instalación del sistema de tratamiento.

- Supervisa de cerca el proceso de construcción para garantizar que se cumplan los estándares de calidad y seguridad.

- Instala equipos y sistemas de tratamiento según el diseño previamente establecido.

5. Pruebas y puesta en marcha:

- Realiza pruebas de funcionamiento y rendimiento en el sistema de tratamiento para garantizar su eficacia y cumplimiento de los estándares requeridos.

- Ajusta y calibra los equipos según sea necesario para optimizar el rendimiento del sistema.

email: hidroecosoluciones@gmail.com

- Capacita al personal que operará la planta de tratamiento en los procedimientos de operación y mantenimiento.

6. Operación y mantenimiento:

- Implementa un programa de operación y mantenimiento preventivo para garantizar el funcionamiento eficiente y seguro de la planta de tratamiento.

- Monitorea regularmente el rendimiento del sistema y realiza ajustes según sea necesario para mantener la calidad del agua tratada.

- Cumple con los requisitos de reporte y mantenimiento de registros según lo exijan las autoridades reguladoras.

Recuerda que este es solo un esquema general y que el proceso puede variar según la ubicación, el tamaño y la complejidad de la planta de tratamiento de agua residual que desees construir. Es recomendable trabajar con profesionales calificados y consultar con expertos en la materia para garantizar el éxito del proyecto.

email: hidroecosoluciones@gmail.com

Construir una planta de tratamiento de agua residual ofrece una serie de ventajas significativas, tanto a nivel ambiental como económico y social. Aquí te detallo algunas de las ventajas más destacadas:

1. **Protección del medio ambiente:**
Una planta de tratamiento de agua residual reduce la contaminación del agua al eliminar contaminantes y microorganismos dañinos presentes en el agua residual antes de su descarga al medio ambiente. Esto ayuda a proteger los ecosistemas acuáticos, preservar la biodiversidad y mejorar la calidad del agua en ríos, lagos y océanos.

2. **Salud pública:**
El tratamiento adecuado del agua residual ayuda a prevenir la propagación de enfermedades transmitidas por el agua al eliminar patógenos y microorganismos presentes en el agua residual. Esto contribuye a proteger la salud pública y reducir la incidencia de enfermedades relacionadas con el agua, como diarreas, infecciones bacterianas y parasitarias, entre otras.

email: hidroecosoluciones@gmail.com

3. Reutilización de recursos:

Al tratar el agua residual, se pueden recuperar y reutilizar recursos valiosos, como el agua tratada para riego agrícola, usos industriales o incluso para consumo humano no potable, dependiendo del nivel de tratamiento alcanzado. Además, los lodos generados durante el tratamiento pueden ser convertidos en fertilizantes orgánicos o utilizados para la generación de energía.

4. Cumplimiento normativo:

La construcción de una planta de tratamiento de agua residual permite cumplir con las regulaciones ambientales y los estándares de calidad del agua establecidos por las autoridades locales, regionales y nacionales. Esto evita posibles sanciones legales y garantiza el cumplimiento de las obligaciones legales y ambientales.

5. Beneficios económicos:

Aunque la construcción inicial de una planta de tratamiento de agua residual puede requerir una inversión significativa, a largo plazo puede generar ahorros económicos y beneficios para la comunidad. La mejora de la calidad del agua puede aumentar el valor de la propiedad, promover el turismo y la recreación, y reducir los costos

email: hidroecosoluciones@gmail.com

asociados con la limpieza y descontaminación de recursos hídricos contaminados.

6. Desarrollo sostenible:
Las plantas de tratamiento de agua residual promueven el desarrollo sostenible al gestionar de manera eficiente los recursos hídricos, proteger el medio ambiente y contribuir al bienestar social y económico de las comunidades. Además, fomentan la conciencia ambiental y la responsabilidad hacia el cuidado del agua y el medio ambiente en general.

En resumen, construir una planta de tratamiento de agua residual ofrece una serie de ventajas que van más allá de la simple eliminación de contaminantes, contribuyendo al bienestar humano, la protección del medio ambiente y el desarrollo sostenible de las comunidades.

email: hidroecosoluciones@gmail.com

La fabricación de una planta de tratamiento de agua residual con tecnología biológica implica varios pasos y consideraciones específicas para implementar sistemas biológicos que descompongan los contaminantes orgánicos presentes en el agua residual. Aquí te proporciono una guía paso a paso:

1. Investigación y planificación:

- Realiza un análisis detallado de las características del agua residual que planeas tratar, incluyendo la composición química, los niveles de contaminantes y el caudal.

- Identifica los objetivos del tratamiento y los estándares de calidad del agua que deseas alcanzar como resultado del proceso de tratamiento.

- Investiga las tecnologías biológicas disponibles y selecciona las más adecuadas para tu situación específica, como reactores biológicos aeróbicos o anaeróbicos, filtros biológicos, lagunas de estabilización, entre otros.

email: hidroecosoluciones@gmail.com

2. Diseño del sistema biológico:

- Trabaja con ingenieros ambientales o consultores especializados en tratamiento de aguas residuales para diseñar un sistema biológico que cumpla con tus requisitos y objetivos.

- Determina la disposición del sistema, el tamaño y la capacidad de tratamiento necesarios para abordar el caudal y la carga contaminante del agua residual.

- Diseña los componentes del sistema, como tanques de reacción, sistemas de aireación, sistemas de control de temperatura y pH, y sistemas de recirculación de lodos, según sea necesario.

3. Adquisición de permisos y autorizaciones:

- Obtén los permisos y autorizaciones necesarios de las autoridades locales y reguladoras para la construcción y operación de la planta de tratamiento biológico.

- Asegúrate de cumplir con todos los requisitos legales y normativos relacionados con el tratamiento de aguas residuales en tu área.

email: hidroecosoluciones@gmail.com

4. Construcción e instalación:

- Contrata a contratistas y proveedores calificados para la construcción e instalación del sistema biológico de tratamiento.

- Supervisa de cerca el proceso de construcción para garantizar que se cumplan los estándares de calidad y seguridad.

- Instala y calibra los equipos y sistemas biológicos según el diseño previamente establecido, incluyendo sistemas de aireación, bombas, tuberías y sistemas de control.

5. Pruebas y puesta en marcha:

- Realiza pruebas de funcionamiento y rendimiento en el sistema biológico para garantizar su eficacia y cumplimiento de los estándares requeridos.

- Ajusta y optimiza los parámetros operativos, como la velocidad de aireación, el tiempo de residencia, la relación de recirculación de lodos, etc., para maximizar la eficiencia del tratamiento.

email: hidroecosoluciones@gmail.com

- Capacita al personal que operará la planta en los procedimientos de operación y mantenimiento del sistema biológico.

6. Operación y mantenimiento:

- Implementa un programa de operación y mantenimiento preventivo para garantizar el funcionamiento eficiente y seguro del sistema biológico.

- Monitorea regularmente el rendimiento del sistema y realiza ajustes según sea necesario para mantener la calidad del agua tratada.

- Cumple con los requisitos de reporte y mantenimiento de registros según lo exijan las autoridades reguladoras.

Recuerda que este es solo un esquema general y que el proceso puede variar según la ubicación, el tamaño y la complejidad de la planta de tratamiento de agua residual con tecnología biológica que desees construir. Es fundamental trabajar con profesionales calificados y consultar con expertos en la materia para garantizar el éxito del proyecto.

email: hidroecosoluciones@gmail.com

Los datos técnicos de una planta de tratamiento de agua residual pueden variar significativamente dependiendo de varios factores, incluyendo el tamaño de la planta, el tipo de tecnología utilizada, la capacidad de tratamiento, la calidad del agua de entrada y los requisitos de calidad del agua de salida, entre otros. Sin embargo, aquí te proporciono una lista de algunos datos técnicos comunes que pueden ser relevantes para una planta de tratamiento de agua residual:

1. Capacidad de tratamiento:
Es la cantidad de agua residual que puede ser tratada por la planta en un período de tiempo determinado, generalmente expresada en metros cúbicos por día (m^3/d) o litros por segundo (l/s).

2. Tipo de tecnología de tratamiento:
Puede incluir tecnologías físicas, químicas y biológicas, como sedimentación, filtración, coagulación-floculación, tratamiento biológico aeróbico o anaeróbico, desinfección, entre otras.

email: hidroecosoluciones@gmail.com

3. Configuración del sistema de tratamiento:
Esto incluye la disposición de los tanques y equipos de tratamiento, como tanques de sedimentación, reactores biológicos, filtros, desinfectadores, sistemas de aireación, entre otros.

4. Eficiencia de remoción de contaminantes:
Indica el porcentaje de contaminantes que son eliminados durante el tratamiento, incluyendo materia orgánica, sólidos suspendidos, nutrientes (nitrógeno, fósforo), metales pesados, microorganismos patógenos, entre otros.

5. Consumo de energía:
Es la cantidad de energía eléctrica consumida por la planta para operar los equipos de tratamiento, como bombas, aireadores, agitadores, etc. Se expresa comúnmente en kilovatios por hora (kWh).

6. Requisitos de operación y mantenimiento:
Incluyen la frecuencia y tipo de mantenimiento requerido para los equipos y sistemas de la planta, así como la capacitación necesaria para el personal operativo.

email: hidroecosoluciones@gmail.com

7. Requisitos de calidad del agua de salida:
Especifica los estándares de calidad del agua que debe cumplir el efluente tratado antes de ser descargado al medio ambiente o reutilizado para usos específicos, como riego agrícola, uso industrial o consumo humano no potable.

7. Costos de capital y operativos:
Incluyen los costos asociados con la construcción, instalación, operación y mantenimiento de la planta de tratamiento de agua residual, así como los costos de energía, productos químicos y otros insumos necesarios para su funcionamiento.

Estos son solo algunos ejemplos de datos técnicos que pueden ser relevantes para una planta de tratamiento de agua residual. La información específica dependerá de las características y requisitos de cada planta en particular.

email: hidroecosoluciones@gmail.com

Datos técnicos para la tecnología de tratamiento biológico

Para crear una Planta de tratamiento de agua residual sencilla (PTAR) lo haremos de un reactor de tecnología biológica aeróbica a continuación se sugieren los siguientes equipos que nos van a proveer del aire.

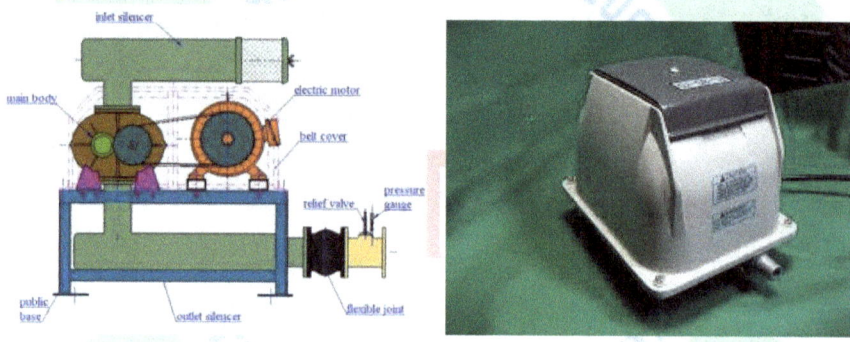

Puede ser un soplador del tipo industrial lobular de 3 HP o bien un soplador eléctrico de diafragma de 127 V.

El aireador va a proveer de oxígeno a la bacteria que se crea en el agua residual en el biorreactor eliminando toda materia orgánica que afecten al proceso.

email: hidroecosoluciones@gmail.com

Ya que el agua clara pase a la siguiente cisterna por decantación se deberá clorar el agua, lo más recomendable es usar pastillas de tricloro que se desgastan al contacto con el agua y así eliminar toda presencia de coliformes y endormitos.

Quiero expresar mi más sincero agradecimiento por tomarte el tiempo de leer mi manual de tratamiento de agua residual. Espero que haya sido útil y haya proporcionado información valiosa sobre este importante tema. Si tienes alguna pregunta o necesitas más detalles, no dudes en comunicarte conmigo a través de email. Tu interés y dedicación son muy apreciados. ¡Gracias por tu atención y por contribuir al cuidado del medio ambiente!

email: hidroecosoluciones@gmail.com

email: hidroecosoluciones@gmail.com

GLOSARIO

1. Agua residual:
Agua utilizada en procesos industriales, comerciales o domésticos que ha sido contaminada y debe ser tratada antes de su descarga al medio ambiente.

2. Influente:
Agua residual sin tratar que entra en la planta de tratamiento desde una fuente externa, como una red de alcantarillado o una industria.

3. Tratamiento primario:
Primera etapa del proceso de tratamiento que involucra la remoción física de sólidos grandes y sedimentables mediante procesos como la criba, la des-arenación y la sedimentación primaria.

4. Tratamiento secundario:
Etapa del proceso de tratamiento que se centra en la remoción biológica de contaminantes orgánicos disueltos y en suspensión mediante procesos como la aireación y la digestión biológica.

email: hidroecosoluciones@gmail.com

5. Tratamiento terciario:

Etapa adicional del tratamiento que se utiliza para mejorar la calidad del efluente tratado mediante procesos avanzados como la filtración, la desinfección y la eliminación de nutrientes.

6. Desinfección:

Proceso de tratamiento que elimina o inactiva microorganismos patógenos presentes en el agua residual tratada, generalmente mediante el uso de cloro, ozono, luz ultravioleta o dióxido de cloro.

7. Efluente:

Agua residual tratada que sale de la planta de tratamiento y se descarga al medio ambiente receptor o se reutiliza para usos específicos, como riego agrícola o recarga de acuíferos.

8. Lodos de depuración:

Subproducto del tratamiento de agua residual que consiste en sólidos orgánicos e inorgánicos concentrados que se separan durante el proceso de sedimentación y digestión biológica.

email: hidroecosoluciones@gmail.com

9. Biodigestor:

Tanque o reactor utilizado para la digestión anaeróbica de lodos de depuración, donde los microorganismos descomponen la materia orgánica para producir biogás y lodos estabilizados.

10. Caudal:

Volumen de agua que pasa por una sección transversal de un conducto o canal en un período de tiempo determinado, generalmente expresado en litros por segundo (l/s) o metros cúbicos por hora (m^3/h).

11. Sedimentación:

Proceso de separación de sólidos suspendidos del agua mediante la acción de la gravedad, que se lleva a cabo en tanques de sedimentación o clarificadores.

12. Aireación:

Proceso mecánico por el cual se disuelve el aire en las aguas residuales a tratar. Se intenta mantener una concentración de oxígeno disuelto de 2 ppm (mg/L),

email: hidroecosoluciones@gmail.com

para mantener las condiciones aeróbicas óptimas para la oxidación de la materia orgánica.

13. Bacterias Aerobias:

Cualquier bacteria que requiera del oxígeno libre para la descomposición metabólica de la materia.

14. Contactor:

El componente del interruptor eléctrico de la marcha del motor. El contactor protege al motor - soplador al aislarlo de las altas corrientes y voltajes necesarios para correr la mayoría de los motores.

15. Corriente:

El movimiento de los electrones a través de un conductor (como es un alambre) la corriente eléctrica es análoga al flujo del agua a través de un tubo. La corriente se mide en Amperes(A) o en Mili amperes (mA). La dirección de la corriente puede ser directa (DC) o alterna (AC).

email: hidroecosoluciones@gmail.com

16. Demanda Bioquímica de Oxígeno (DBO):

La medición de la cantidad oxigeno requerido por los microorganismos para oxidar (comer) la materia orgánica (comida) en el agua. Esta prueba se utiliza para estimar la cantidad de materia orgánica en la muestra. Las unidades de DBO5 son en mg/L. El 5 se refiere a la duración de la prueba (5 días).

17. Lodo activado:

La materia que se forma en el agua fresca o en agua residual asentada debido al crecimiento de bacterias y de otros organismos ante la presencia de oxígeno disuelto (OD).

18. Microorganismos patógenos:

Microorganismos (bacterias, virus, algas) que pueden ocasionar enfermedades. Al proceso de desactivación de los microorganismos se le llama desinfección.

Este glosario incluye términos comunes utilizados en el contexto de una planta de tratamiento de agua

email: hidroecosoluciones@gmail.com

residual y puede ser útil para comprender mejor los procesos y equipos involucrados en el tratamiento de aguas residuales.

email: hidroecosoluciones@gmail.com

Acerca del autor

Nuestra empresa es ferviente impulsora en el campo del tratamiento de agua residual, con una amplia experiencia y dedicación en el área. Con más de 10 años de trayectoria profesional, ha liderado numerosos proyectos relacionados con el diseño, construcción y operación de plantas de tratamiento de aguas residuales en diversas industrias y contextos.

Su pasión por la protección del medio ambiente y el manejo sostenible de los recursos hídricos nos ha llevado a desarrollar soluciones innovadoras y eficientes para abordar los desafíos asociados con la gestión de aguas residuales. A lo largo de su carrera, ha colaborado estrechamente con equipos multidisciplinarios de ingenieros, científicos y profesionales del medio ambiente para implementar

email: hidroecosoluciones@gmail.com

tecnologías avanzadas de tratamiento y promover prácticas de gestión ambientalmente responsables.

Como defensores apasionados de la protección del medio ambiente y la promoción del desarrollo sostenible, Hidro soluciones Ecológicas y Tratamiento residual continúa trabajando incansablemente para impulsar la innovación en el tratamiento de aguas residuales y promover prácticas de gestión ambientalmente responsables en todas las áreas de su labor profesional.

email: hidroecosoluciones@gmail.com

www.ingramcontent.com/pod-product-compliance
Lightning Source LLC
Chambersburg PA
CBHW050238230526
45470CB00005B/2006